Atteindre ses objectifs avec les outils SMART et GROW

RMC©2019

Introduction

Tout d'abord, permettez-moi de vous remercier pour votre achat.

Vous vous intéressez au monde du coaching et/ou à ses techniques et c'est probablement pourquoi vous avez fait l'acquisition de cet ouvrage.

Dans ce document vous trouverez une des nombreuses techniques parmi les plus couramment utilisées dans le domaine du coaching.

Ces procédés sont particulièrement efficaces.

Ils sont retranscrits tels que utilisés dans la pratique professionnelle.

Vous trouverez dans ce livret une des techniques issue de la pratique professionnelle du coaching.

Le coaching est un sujet très en vogue et qui intéresse de plus en plus le monde des neurosciences, tant son champs d'application est vaste et dont son efficacité se vérifie dans le temps.

Il vous est demandé d'en faire bon usage.

Le coaching offre une multitude de potentialités, ces techniques nous montrent le chemin des possibles où tellement de choses justement deviennent ou redeviennent soudain possibles.

En vous souhaitant une agréable lecture, une joyeuse découverte pour certains ou encore une revisite en territoire connu pour d'autres mais toujours bénéfique.

******

Dans ce livret je vais vous présenter deux outils qui sont à mon sens

Les deux moyens les plus efficaces dans la gestion de l'atteinte d'objectifs.

Bien sur avant leur mise en place il y a la détermination de l'objectif car la clarification de celui-ci est un préalable nécessaire.

Toutefois, une fois cet objectif déterminé et je dirai que peu importe que celui-ci soit élevé, improbable ; il y a des moyens et des techniques qui permettent de les atteindre avec une redoutable efficacité.

C'est le sujet que nous allons aborder aujourd'hui et nous tenterons de l'illustrer brièvement et simplement.

Les deux outils qui vont vous être présentés sont connus sous le nom de SMART et GROW.

Il s'agit d'acronymes très connus dans l'univers du coaching et ils sont mêmes réputés pour être des béabas, tant ils sont d'une logique simplissime.

C'est également ce que nous tenterons de démontrer dans ce livret

Grow .

Grow dans sa définition en anglais veut dire croître, grandir, se développer, pousser, progresser, augmenter, devenir …..

Par exemple le dictionnaire en ligne linguee donne cette définition

«A large investment enabled me to **grow** my business »

Ce qui veut dire « Un investissement important m'a permis de développer mon entreprise »

Ou encore «The profits grow year by year.» ce qui veut dire :

«Les bénéfices croissent d'année en année ».

Le mot Goal (But a atteindre) implique naturellement une notion de temporalité.

Le but à atteindre est en effet une situation (souhaitée) en devenir

il y a donc bien dans l' expression du But à atteindre le passage d'une situation à une autre.

L'outil GROW dans le coaching :

C'est un des outils qui a rencontré le plus de succès.

Le modèle GROW a été élaboré notamment par Sir John Whitmore ancien pilote automobile britannique.

Son succès tient à sa simplicité apparente, à son acronyme facilement mémorisable.

Il peut être mis en œuvre à tous les niveaux d'accompagnement.

Peu importe, la complexité d'une situation cet outil d'une grande accessibilité le rend toujours efficace.

En voici les grandes lignes :

Comment fonctionne Le modèle GROW,

Il s'agit d'une méthode d'accompagnement en quatre étapes :

EN 1 , nous avons la lettre G pour désigner le « GOAL » , ou Objectif en Français Cela nous donne : Quel est ton objectif ?

Cette question est très vaste et peut s'appliquer à de nombreuses situations ou disciplines.

Dans son fonctionnement ce modèle de questionnement invite à poser de nombreuses questions ouvertes.

Dans l'univers professionnel, pour un manager par exemple, nous pourrions poser : « Quel est l'objectif de cette réunion ? » ou encore que veux-tu qu'il se passe à la suite de cette réunion ? Si tu pouvais voir ce qui se passe après la réunion, ça ressemblerait à quoi ?

Dans le domaine sportif pour un coureur sportif, nous pourrions avoir ce type de réponse :

- Quel est ton objectif ?
- « je voudrais gagner x secondes sur la façon dont je cours le 400 m « ou encore pour un athlète en saut en hauteur « je voudrais sauter 10 cm plus haut à la prochaine compétition «

Mais cette notion de « Goal » peut s'appliquer tout aussi bien à des volontés et objectifs plus basiques. Le modèle GROW peut également fonctionner avec des problématiques comme :

« Je voudrais gagner plus d'argent, arrêter de fumer, perdre du poids, etc.... »

Ce sont donc des questions sur le « G », les objectifs et qui impliquent dès lors cette notion de temporalité évoquée plus avant.

Le Goal Objectif à atteindre va représenter le futur idéal ou tout du moins sa projection puisque pour l'instant nous en sommes à sa détermination.

EN 2 nous avons le R de « Reality » !

En clair, quelle est la réalité de la situation aujourd'hui ou quelle est la situation de départ ?

Cela nous donne de nouvelles questions ouvertes comme : « Où en es-tu aujourd'hui – de la préparation de cette réunion ? Qu'as-tu déjà fait ou essayé ? »

Pour le sportif ces questions seront : « Quelles sont les performances obtenues aujourd'hui et comment as-tu fait pour les réaliser ? Que mets-tu en œuvre pour l'atteinte de tes résultats actuels ? As-tu déjà essayé quelque chose ? »

Ce n'est pas exhaustif mais ces quelques exemples de questions ouvertes nous donnent l'idée générale de la méthode .

Qu'est-ce qui a marché, ou pas ? Quels sont les obstacles ou difficultés rencontrés ?

En fait ce « R » de réalité va nous permettre d'observer la situation de départ.

Dans quel contexte sommes-nous, des procédés, des exercices ont-ils déjà mis en place ou non ? Qu'est-ce qui a été fait jusqu'à présent.

Observer la situation de départ en regard de l'objectif à atteindre va offrir une comparaison, une façon de mesurer l'écart entre le chemin à parcourir pour aller de là où nous sommes à l'atteinte de l'objectif.

Il convient de passer du temps sur cette étape de façon à en déterminer le plus possible ses tenants et aboutissants.

Cela déterminera également les choses déjà en place et sur les résultats obtenus.

Cela pourra servir également d'appui dans l'étape suivante. En permettant de différencier l'accessibilité de la définition de l'objectif en lui-même.

Le R de GROW aurait pu s'appeler Now

(maintenant en anglais) mais l'acronyme aurait perdu de son sens.

Pour autant il s'agit bien de faire le point sur l'actualité de la situation.

Où en est le coaché exactement en regard de l'objectif à atteindre ou : Où en suis-je exactement relativement à l'objectif que je me fixe.

Donc le R de « Reality » correspond bien au fait de décrire la situation de l'instant présent avec ses nombreuses composantes.

Où en sommes-nous précisément et exactement **maintenant** pourrait très bien correspondre également à la description de R de «Reality » .

En 3, nous avons le O pour « Options » :

Quelles sont les options ?

Comme nous aurons déjà passé un moment sur Reality, ce sera plus facile de déterminer les options .

Pour autant il s'agit là d'une nouvelle phase de questionnements qui pourront ouvrir de nouvelles voies.

 Ce questionnement fera peut-être apparaître des solutions ou possibilités qui n'avaient pas été envisagée auparavant.

Cette phase va déterminer des alternatives, des actions potentielles sans que l'on soit encore pour l'instant dans une prise de décisions.

Mais on définira à cette étape les futures modalités du plan d'action à venir.

Donc nous nous trouvons avec des questions de ce type :

Pour le manager, par exemple :

« Avec qui peux-tu préparer » Qui peux-tu impliquer pour renforcer l'adhésion ? Quelles sont tes options d'animation ? (pour la réunion professionnelle)

Pour le sportif cela donne « avec qui et comment « mieux » te préparer ? Quelles seraient tes disponibilités pour t'entraîner davantage ? Que pourrais-tu mettre en place dont tu sais que cela améliore tes performances ? etc...

En 4 , nous avons le W de « Will » (vouloir)

Il sera intéressant de noter que certains ont rebaptisé plus tard le « W » de will en « way forward » pour « façon de progresser » selon linguee ou encore le chemin à parcourir.

Effectivement arrivé à ce stade de la méthode GROW pour atteindre ses objectifs , nous avons déjà vu un certain nombre de choses :

Nous avons déterminé l'objectif ; le GOAL clairement défini désormais. Nous avons vu ensuite le Reality , ainsi une attention a été portée sur la situation actuelle pour mieux faire ressortir l'écart entre l'objectif à atteindre et la situation de départ.

Puis nous avons réfléchi aux options qui se présentaient.

Maintenant il s'agit de mettre en œuvre les moyens d'action pour l'atteinte de l'objectif ; le questionnement pourra alors se présentera ainsi :

 « Maintenant que sont identifiées ces pistes, ces différents moyens, que vas-tu faire ? Que veux-tu mettre en place dès maintenant ? Quand, Comment ? Avec qui ? Quel temps accorderas-tu à la mise en place de ces actions ?

Içi , concrètement deux choses se produisent normalement .

Il y a tout d'abord la notion d'engagement , c'est à dire qu'au cours des différents points qui ont été abordés , inévitablement surgissent des actions pouvant être mises en place .

Le manager devant organiser sa réunion aura pris conscience qu'il devra peut-être s'entraîner avant de la réaliser et préparer aussi quelques supports ou encore se faire assister de telle personne.

En anticipant, s'il a besoin par exemple de s'appuyer sur le témoignage d'un participant, il pourra s'organiser pour l'obtenir comme il le souhaite.

Parce qu'il aura déterminé à travers l'étape des options que ce témoignage pourrait donner l'enjeu désiré à sa réunion.

Ainsi le Will est l'occasion de la présentation des solutions et dans la plupart des cas, les étapes précédentes en ont offert les clés .

Au-delà de la notion d'engagement qui émerge à cette étape , la prise de conscience alors que les moyens à mettre en œuvre sont simples apparaît également .

Le sportif qui veut améliorer son temps prend conscience qu'en s'entraînant davantage et en perdant 2 kg il atteindra très probablement ses quelques secondes de moins au 400 m.

Le sauteur à la barre maîtrise bien la technique de saut en fosbury mais il manque d'entraînement sur cette technique alors il se sert d'une autre en compétition. Pourtant il sait que s'il s'entraînait davantage avec cette autre technique il franchirait la barre à un seuil plus élevé.

A cette étape de très nombreuses solutions apparaissent.

Bien sur, il ne s'agit pas de tout mettre en place à l'issue des différents questionnements mais plutôt de choisir les actions qui paraissent, à ce moment-là, le plus en adéquation avec l'objectif à atteindre.

Cette méthode d'accompagnement est particulièrement efficace et peut se réaliser de façon très informelle en quelques minutes dans le cadre d'une banale discussion.

(devant une machine à café par exemple)

En coaching individuel nous choisirons plutôt un accompagnement « step by step » où seront alors abordés chaque étape au cours d'une nouvelle séance.

L'espace entre les étapes permettant et offrant le temps d'une réponse plus vaste, plus réfléchie à chaque fois.

Pour autant pour conclure cette première partie sur le fameux modèle GROW je voudrais partager avec vous ce petit dessin :

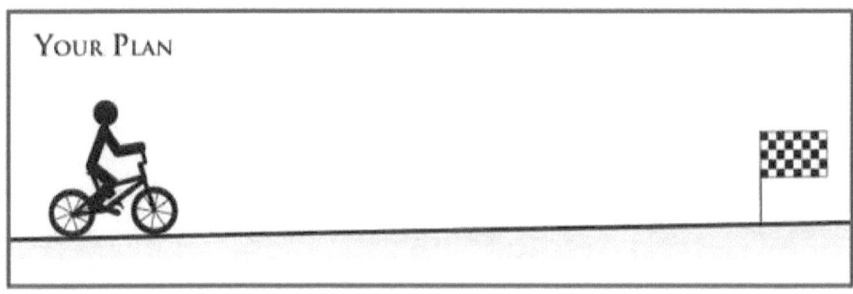

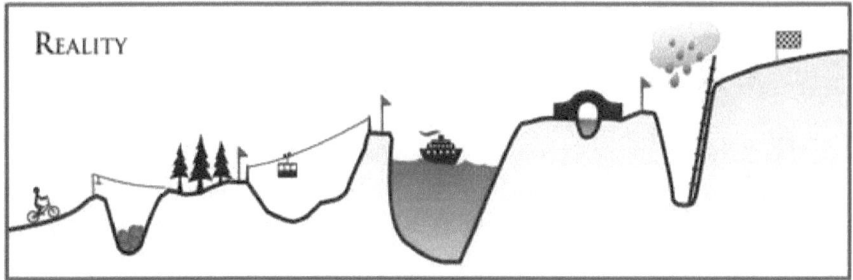

Ce dessin pour illustrer que si l'on se fait une idée qui semble assez précise pour l'atteinte de ses objectifs,

la réalité du chemin à parcourir, sera probablement semée de différentes situations qu'il faudra affronter également….

C'est pourquoi le complément logique de l'outil GROW est à mon sens l'outil SMART !

Nous allons donc aborder dans cette seconde partie cet outil, nouvel acronyme du coaching.

Son inventeur est Peter DRUCKER , grand théoricien en méthode de management et bien connu des étudiants en gestion .

Cet autrichien d'origine a développé cette méthode qui reste un des meilleurs outils du management par objectif.

En quoi consiste le modèle SMART ?

Tout comme GROW, il s'agit d'un acronyme donc chaque lettre correspond à une étape du processus. Pour que le processus soit complet, il faut que chaque étape soit respectée.

Le respect de chaque étape entrainant le succès du processus.

Tout comme GROW , SMART utilise un procédé mnémotechnique puisque SMART se traduit en français par intelligent mais aussi raffiné , élégant .

Mais revenons-en à sa définition.

En 1, nous avons le S comme spécifique.

Ainsi avant de se fixer l'atteinte d'un objectif, cela va consister à rendre celui-ci spécifique. Autrement dit en quoi consiste précisément l'objectif ?

Donc à ce stade il s'agit de rendre clair, simple, facilement compréhensible l'objectif. Il est essentiel de le définir simplement de façon à ce que les enjeux en soient plus facilement envisageables également.

Par exemple ; l'entreprise doit améliorer sa rentabilité ou réaliser plus de chiffre d'affaires pour financer le nouveau site de production.

En 2 nous avons M de Mesurable.

Ainsi, après avoir décrit simplement l'objectif nous en allons en définir l'aspect mesurable.

Le M de mesurable va intervenir comme un indicateur concret de l'avancée ou non vers l'objectif. Il s'agit de définir des seuils.

Ces seuils permettront de quantifier et/ou qualifier les avancées.

Par exemple en environnement professionnel, il s'agira souvent de développer le chiffre d'affaires. La mesure pourra alors se présenter comme des seuils de chiffres d'affaires à atteindre.

Dans notre exemple si cela porte sur la rentabilité, cela pourra être un critère supplémentaire.

Cela nous donne alors ; l'entreprise doit réaliser X millions de chiffres d'affaire tout en améliorant sa rentabilité de X pourcents.

Nous avons alors dans ce cas 2 critères à mesurer ; le développement du CA et la rentabilité.

En 3 nous avons le A de Accessibilité /Acceptable

En effet si la mesure de l'enjeu est trop élevé celui-ci ne sera pas acceptable.

Le risque est que le projet de l'atteinte d'un tel objectif jugé inaccessible ne remporte pas l'adhésion .

Malgré une bonne organisation autour du projet, il sera alors difficile de le mettre en œuvre.

Il en va de même pour nous.

Si vous avez 15 kg à perdre, vous aurez du mal à vous imaginer les perdre en un mois.

Mais si vous vous fixez quelques kg dans un premier temps, puis à nouveau 1 ou 2 autres dans un second temps et ainsi de suite, cela vous semblera beaucoup plus facilement réalisable.

Et ce le sera très vraisemblablement parce que l'objectif défini de cette façon est nettement plus acceptable que de perdre 15 kg en une fois !

Les objectifs visés doivent ainsi être ambitieux de façon à motiver chacun quant à son atteinte mais aussi acceptables.

Cette notion d'acceptabilité est donc tout aussi nécessaire et essentielle que sa Spécificité et sa Mesurabilité.

Le succès de ce procéssus réside en ce que chacun puisse croire en sa réalisation.

Mais venons en maintenant à la 4ième lettre de cette acronyme SMART qui est donc le R.

Le R comme REALISTE.

C'est dans la continuité et la bonne logique du processus proposé par cet acronyme.

Pour que chacun puisse croire en l'atteinte de l'objectif il convient que celui-ci doit être réaliste.

Mais cela veut dire aussi réaliste dans les moyens mis en œuvre.

Reprenons l'exemple de notre entreprise.

Celle-ci a choisi de développer son CA et d'améliorer sa rentabilité. Mais est-elle équipée pour supporter une augmentation du volume de vente ? Ses outils de production permettront-ils bien une amélioration de la rentabilité ?

Ainsi, nous observons que si l'objectif est acceptable, il doit être également Réaliste.

Pour l'anecdote, il y a environ 5 ans, une PMI dans la région d'Alsace dans le secteur de la boulangerie a eu à faire face à un fort développement.

En effet le dirigeant, un homme d'affaires à la fois pugnace et pragmatique était en train de passer d'un site de production de 2000 m2 à un site de 18000 m2.

Son affaire connaissait un essor formidable car il avait su mettre au point des produits uniques. Alors pour faire face à la demande, il se dotait de nouveaux moyens de fabrication.

Aujourd'hui il s'est tiré d'affaire mais son développement l'a confronté à de terribles enjeux et il a failli tout perdre ! En effet il n'avait pas préparé son personnel à ce nouvel espace et ces nouveaux équipements.

Ainsi au lieu de tirer profit de ses nouveaux outils de production, c'est difficilement qu'il répondait à la demande existante et son personnel se trouvait dépourvu et un peu perdu.

La production autrefois parfaitement gérée souffrait d'une difficile adaptation à ce nouveau site qui par ailleurs correspondait à de lourds investissements pour la société.

Il fallait pourtant à minima assurer la production existante et même cela était compliqué.

Car cet homme d'affaire s'il avait investi dans de nouveaux moyens de production , c'est aussi parce qu'il avait ouvert de nouveaux espaces de vente .

Cet homme se trouvait donc face à des investissements faramineux avec des machines dont le fonctionnement n'était pas maîtrisé et des magasins à fournir.

Il y parvenait péniblement.

La situation a été tendue quelques temps et cet entrepreneur aujourd'hui côté en bourse est passé très près du gouffre.

C'est vous dire tout l'enjeu qu'il y a mettre des outils en place quand il s'agit de développer une entreprise ou même de la pérenniser, des outils comme GROW et SMART par exemple.

Voilà pour l'anecdote mais revenons maintenant à la dernière lettre de notre acronyme SMART , le T .

T comme Timé (daté) ,délimité dans le temps , temporellement défini .

Ainsi une date butoir doit être posée avec des dates intermédiaires, si l'on souhaite par exemple suivre la progression d'un chiffre d'affaires.

Une indication comme « le plus rapidement possible risque de renvoyer aux calendes grecques l'atteinte de l'objectif.

Donc reprenons avec notre entreprise souhaitant globalement améliorer ses performances.

L'objectif pourrait se poser comme suit :

Suite à l'acquisition de nouveaux outils de production nous avons pour objectif de développer notre CA de X millions.

Grâce au nouvel outil de production nous allons améliorer notre rentabilité si nous atteignons tel volume de vente.

Pour y parvenir nous mettons en place une nouvelle grille tarifaire qui encouragera les clients à augmenter leur volume d'achat.

Cet objectif devra être atteint à la fin du prochain quadrimestre et nous mettons en place un indicateur mensuel pour mesurer les avancées vers l'atteinte de ce nouvel objectif.

Par ailleurs 4 assistants vont venir en renfort pour relancer l'ensemble de notre base de données clients et ainsi fournir davantage de rdv à la force de vente.

Présenté ainsi nous avons bien une présentation de l'objectif sous la forme SMART .

L'objectif est Spécifique : X millions de CA en plus .

Mesurable : on va mesurer l'évolution à l'aide d'indicateurs mensuels

Acceptable : en effet, le montant du développement rapporté à chaque collaborateur représentera quelques pourcents d'amélioration de la production de chacun.

Réaliste : Grâce à un nouvel outil de production et une grille tarifaire nouvellement adaptée.

Timé (délimité) dans le temps : à la fin du quadrimestre cet objectif devra être atteint.

Bien sur, ce ne sont pas les seuls moyens pour la mise en place d'un objectif à réussir, mais ces outils sont particulièrement efficaces.

On pourrait les combiner également avec un système de récompense. Par exemple, à chaque réussite de l'atteinte de seuil au moment des indicateurs mensuels une prime partielle pourrait être offerte.

Par ailleurs le manager, à l'aide d'un outil comme GROW pourra accompagner ses collaborateurs pour s'assurer qu'ils fournissent la motivation et l'implication de ce nouvel enjeu.

Voilà pour «Comment atteindre ses objectifs avec les outils GROW et SMART »

Bien sur il convient d'adapter ces outils avec vos propres objectifs et l'aide d'un coach professionnel peut largement vous aider à contribuer à leur définition et atteinte.

Si vous avez aimé ce livret n'hésitez pas à faire un commentaire positif sur Amazon et à liker la page Facebook de coaching-lorraine.

https://www.facebook.com/coachinglorraine/

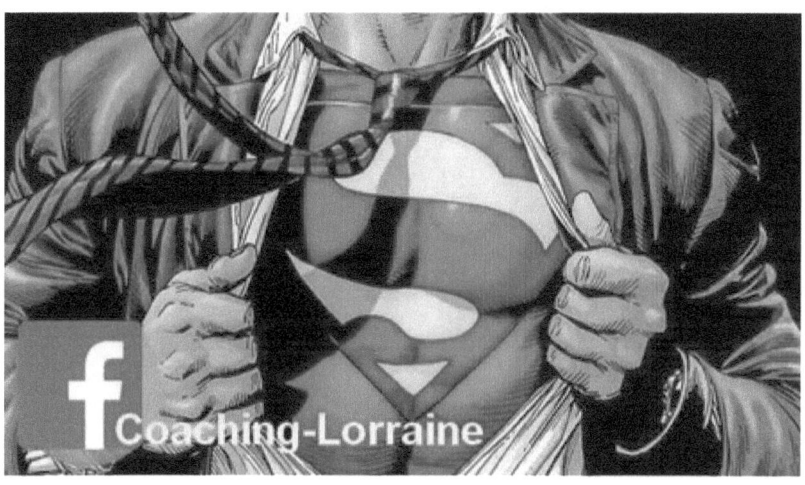

www.ingramcontent.com/pod-product-compliance
Lightning Source LLC
Chambersburg PA
CBHW030739180526
45157CB00008BA/3240